Sciences Little Newton Encyclopedia

小牛顿 科学王

鲜花朵朵

四川少年儿童出版社

图书在版编目（CIP）数据

鲜花朵朵 / 牛顿出版股份有限公司编. -- 成都：
四川少年儿童出版社，2015（2019.6重印）
（小牛顿科学王）
ISBN 978-7-5365-7293-5

Ⅰ. ①鲜… Ⅱ. ①牛… Ⅲ. ①花卉—少儿读物 Ⅳ.
①S68-49

中国版本图书馆CIP数据核字(2015)第225981号
四川省版权局著作权合同登记号：图进字21-2015-19-24

出 版 人：常　青
项目统筹：高海潮
责任编辑：隋权玲
美术编辑：刘婉婷　汪丽华
责任校对：王晗笑
责任印制：王　春

XIAONIUDUN KEXUEWANG·XIANHUA DUODUO
书　　名：小牛顿科学王·鲜花朵朵
出　　版：四川少年儿童出版社
地　　址：成都市槐树街2号
网　　址：http://www.sccph.com.cn
网　　店：http://scsnetcbs.tmall.com
经　　销：新华书店
印　　刷：艺堂印刷（天津）有限公司
成品尺寸：275mm×210mm
开　　本：16
印　　张：5
字　　数：100千
版　　次：2015年11月第1版
印　　次：2019年6月第4次印刷
书　　号：ISBN 978-7-5365-7293-5
定　　价：16.00元

台湾牛顿出版股份有限公司授权出版

目录

1 春天庭园里的花朵

花圃中花朵的颜色

◉ 各种颜色的花朵

　　家中的庭园和学校的花圃里种着各式各样的花，其中有些花儿已经开始绽放。

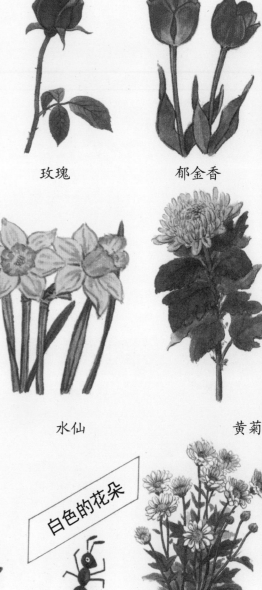

玫瑰　　　　　　　郁金香

黄色的花朵

玫瑰　　　　　　郁金香　　　　　　水仙　　　　　　黄菊

蓝色的花朵

白色的花朵

矢车菊　　　　　　风信子　　　　　　　　　　　雏菊

红色或粉红色的花朵

哇！好多各种颜色的花！

走！一起去瞧瞧，看看有哪些花。

风信子　雏菊　芝樱　白头翁　唐菖蒲

三色堇

杂色的花朵

郁金香　三色堇

百合　郁金香　风信子

给家长的话

　　小朋友的自然科学教育可以以观察花朵作为启蒙。您居家的四周必然有许多现成的材料，建议您不妨利用这些丰富的素材来激发孩子的学习兴趣。花朵的颜色与形状均是小朋友的学习重点，而花朵的颜色繁多，即使颜色相同也常有浓淡之分，有些花朵甚至由数种颜色混合而成，这些都是应该引起小朋友们注意的地方。

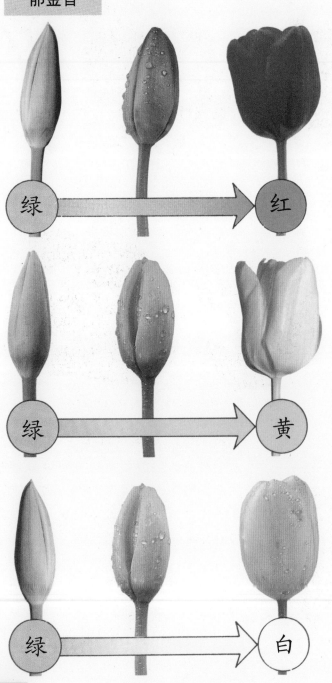

花朵颜色的变化情形

花朵的颜色和花苞的颜色不同。从花苞慢慢成为盛开的花朵，颜色也会随之发生变化。

郁金香

绿 ➡ 红

绿 ➡ 黄

绿 ➡ 白

给家长的话

无论盛开的花朵多么鲜艳美丽，花苞时期都是绿色。这种现象不仅见于郁金香和风信子，其他日常常见的草本花卉也都具有这个特点，您不妨提醒孩子们注意，让他们仔细观察花朵生长期间的颜色变化情形。

此外，利用彩纸制作纸花，通过手工劳动的方式也可以让小朋友们感受花朵具有的丰富色彩。小朋友可能因此发现同种的花却有着各种不同的颜色，并了解花朵的颜色不是依种类来划分的。此外，孩子们或许还会进一步发现叶子的颜色变化较花的变化要少。

风信子

刚开始时，花苞都是绿色。经过一段时间之后，颜色会慢慢地改变。

绿 ⬇ 白

◉试试看，利用彩纸制作纸花

　　找出颜色和花朵以及叶子相同的彩纸，再把
彩纸剪成各种不同的花。

制作花朵时需要各
种不同颜色的彩纸。

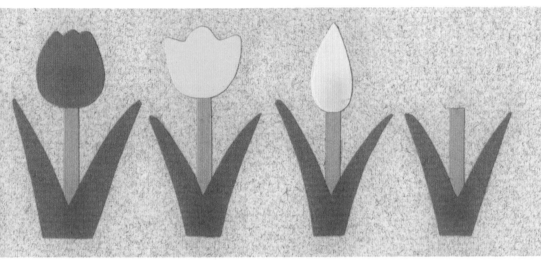

郁金香

风信子

准备材料

胶水

剪刀

制作花朵的彩纸

制作叶子或茎的彩纸

花圃中花朵的形状

⬤ 各种形状的花朵

　　花园里盛开着郁金香，每一朵郁金香的形状看起来都差不多。小朋友，其他花朵的形状是什么样子的呢？

郁金香或虞美人的花形都类似杯子的形状。

郁金香　　虞美人

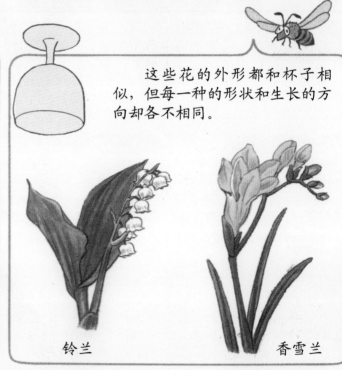

这些花的外形都和杯子相似，但每一种的形状和生长的方向却各不相同。

铃兰　　香雪兰

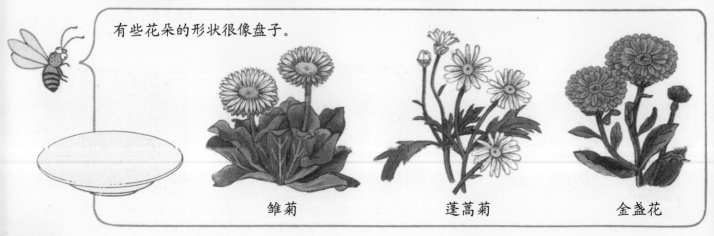

有些花朵的形状很像盘子。

雏菊　　蓬蒿菊　　金盏花

◉花朵的大小

试试看，利用手指比画出花朵的大小。

你能说出这些花朵的大小相当于什么吗？

颜色不同的郁金香大小差不多。

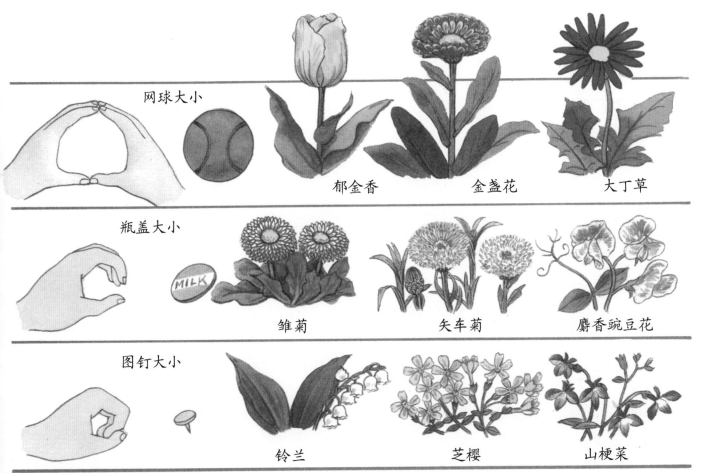

网球大小　郁金香　金盏花　大丁草

瓶盖大小　雏菊　矢车菊　麝香豌豆花

图钉大小　铃兰　芝樱　山梗菜

◉花朵的生长形态

有的茎上只开一朵花，有的好几朵花长在一起。

郁金香　白头翁　水仙　报春花　风信子　宿根草

变化的花形

郁金香的花形在清晨、白天和晚上都各不相同。

给家长的话

花朵的形状随着日渐生长而时有变化。郁金香的花瓣在朝夕时紧闭，白天则盛开。这是因为气温较低时，花朵的外侧生长速度较快；而温度较高时，内侧的生长速度较快。如果仔细观察花苞，会发现花朵生长方向以及花形的不同变化。麝香豌豆花等的变化相当明显，是用来教导孩子的最佳素材。

早安！花姑娘。还没起床呀？

清晨

午安！哇！开得好美喔！

白天

🌸进阶指南

雨天的郁金香

下雨的时候，郁金香在白天仍然紧闭着花瓣。

晚安！咦，已经睡着了？

晚上

◉花朵的生长方向和形状

　　当花朵慢慢开放时，花瓣会渐渐地扩大。同时，花朵的生长方向和形状也会随之改变。

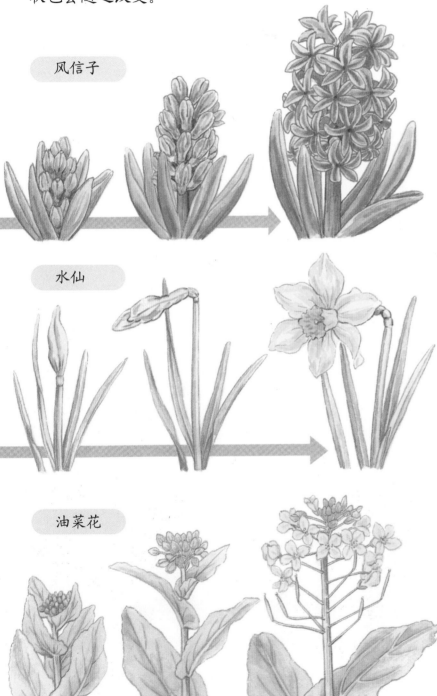

风信子

水仙

油菜花

有些花朵从一开始便朝上生长，有些花朵的花苞却朝向下方。

金盏花

麝香豌豆花

虞美人

木本花的颜色

⊙ 各式各样的颜色

家中的庭院和学校校园里的树木上开满了各种不同的花朵。

红色和桃色的花朵

到处开满了花朵，却没有叶子。

你仔细瞧瞧！有些树上还长着绿色的叶子呢！

樱树　三叶杜鹃

桃花

白色瑞香

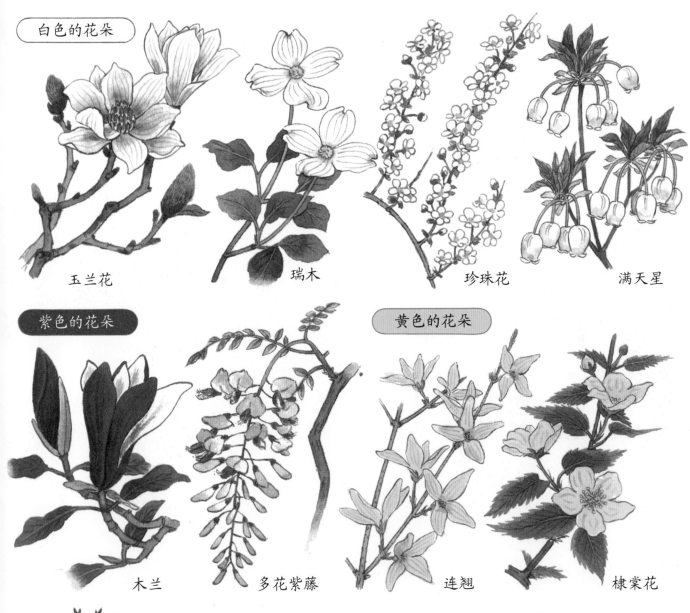

白色的花朵

玉兰花　　　瑞木　　　珍珠花　　　满天星

紫色的花朵　　　黄色的花朵

木兰　　　多花紫藤　　　连翘　　　棣棠花

🌸 进阶指南

颜色的改变

木本花在生长期间，颜色也会慢慢地改变。

深桃红色　　　浅桃红色　　　变成白色

百合花朵的内侧颜色较淡，所以盛开时便成为白色。

木本花的形状

◉花朵的形状和生长形态

　　树上有许多大大小小的花朵，这些花朵是如何生长在树枝上的呢？

> 每根树枝上都聚集许多小型的花朵。

梅花

樱花

油桐花

> 有些大型的花朵单独生长在树枝的顶端。

杜鹃花

茶花

◉试试看，利用彩纸制作纸花

想想看，应该怎样裁剪彩纸才能做出各种花形？

给家长的话

如果无法把花直接拿在手中观察，可以观看花朵的形状、生长形态或树木整体的样子，也可以进行观察与研究。花朵的生长形态不一，有些小花会聚集成簇，有些则是大型花朵零落地散生于枝头。如果利用彩纸进行花朵的剪贴，很容易认识到这些特征。盛开的樱花可由一张彩纸简单地加以表现，但杜鹃或山茶的花朵生长形态不同，因此必须一朵朵分开剪贴，才能表现出花儿原有的韵味。

杜鹃花

山茶花　　　　樱花

让我来试试，看看能不能剪出不同的木本花。

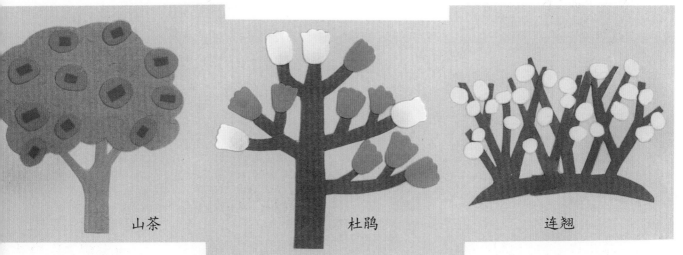

山茶　　　　杜鹃　　　　连翘

我要剪出一棵树，然后在树上贴满纸花。

樱花　3月11日　　樱花　3月14日　　樱花　3月30日

◉利用花朵制作装饰品

试试看，把花朵和花瓣收集在一起，然后做成美丽的项链。

给家长的话

请试着用樱花和山茶花比较花的形状和构造。樱花凋谢时，花瓣是一片一片散开来的，做成项链时，必须用线把花瓣一片一片串起来。山茶花凋谢时，花瓣仍保持着整朵花的形状，只要用线或绳子穿过花朵附生的基部的孔洞就可以做成项链。花的形状和凋谢方式不一样，做成项链的方法也会不一样。

把散落的花瓣收集起来，便可以做成装饰品啦！

山茶花很容易掉落，所以常可以见到满地的落花！

樱花
利用针线把花瓣串起来。

山茶花
把落花拾起，并将针线穿过花朵中心的孔洞。

复瓣的山茶花
把外侧的花瓣轻轻向外拨开，在内侧的花瓣上画出娃娃的脸蛋。

整理——春天庭园里的花朵

■ 花朵的颜色

花圃里的花和树上的花都有着红、白、黄等不同的颜色。

最初的花苞颜色是绿色，后来会慢慢地开始变颜色。

■ 花朵的形状和大小

花朵的形状各不相同。有些花的花朵很大，有些花的花朵很小。

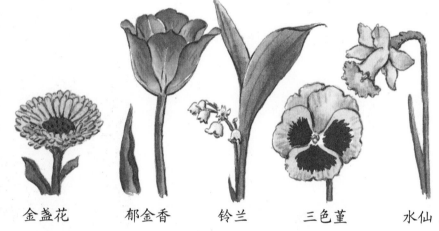

金盏花　　郁金香　　铃兰　　三色堇　　水仙

■ 花朵的生长形态和花朵的凋谢方式

花朵的生长形态不同。有些花的花茎上只开一朵花，有些花的花茎上有几朵花聚在一起。

花朵的凋谢方式也不同。有些花朵的花瓣会一片片散落，有些花朵会整朵掉落在地上。

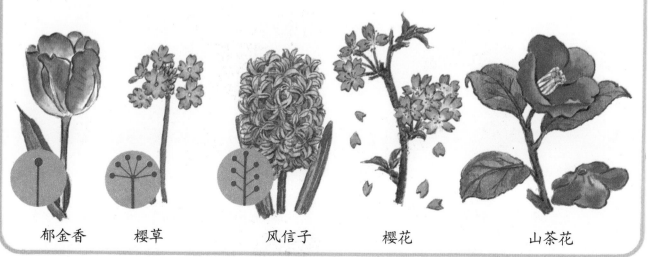

郁金香　　樱草　　　风信子　　樱花　　　山茶花

2 牵牛花

种子的外形

试着把牵牛花的种子种在土壤里，夏天来临时会开出许多美丽的花朵。

◉ 种子的形状和大小

在播种前先仔细观察牵牛花种子的外形。

牵牛花的种子

比米粒大，但是比葵花子小。外壳很硬，有些部分呈棱角状，有些部分凹陷下去。

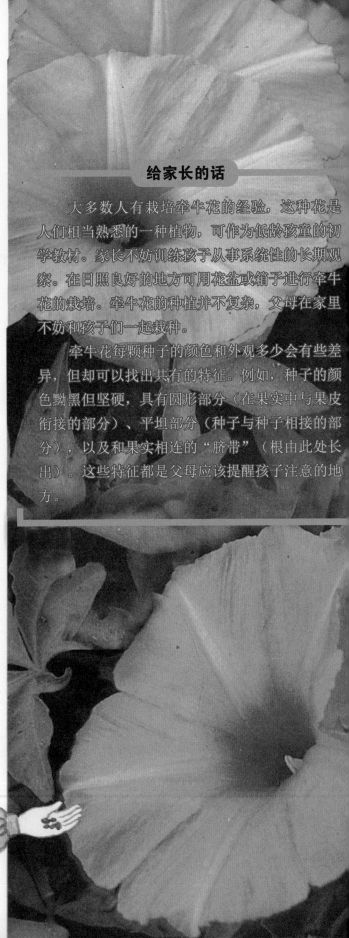

给家长的话

大多数人有栽培牵牛花的经验，这种花是人们相当熟悉的一种植物，可作为低龄孩童的初学教材。家长不妨训练孩子从事系统性的长期观察。在日照良好的地方可用花盆或箱子进行牵牛花的栽培。牵牛花的种植并不复杂，父母在家里不妨和孩子们一起栽种。

牵牛花每颗种子的颜色和外观多少会有些差异，但却可以找出共有的特征。例如，种子的颜色黝黑但坚硬，具有圆形部分（在果实中与果皮衔接的部分）、平坦部分（种子与种子相接的部分），以及和果实相连的"脐带"（根由此处长出）。这些特征都是父母应该提醒孩子注意的地方。

播种

◉ 试试看，把种子浸入水中

把种子浸入水中约一天，种子就会膨胀起来。把膨胀后的种子种入土中，种子会很快地发芽。

浸过水的种子（右）
未浸水的种子（左）

用小石头堵住洞口。

把沙石放进花盆中。

在沙石上添加泥土。

给家长的话

就牵牛花而言，在发芽后如果能移植一两次的话，对植物的呼吸以及施肥效果都有很大的益处，并能加快植物生根的速度。然而以上工作对孩童而言，实在是一件困难的事，因此一般学校都采用直播的方式，并大多选取那些美丽且易于培植的花栽种。在一个花盆里播下三四粒种子，然后选出发育得最健壮的一颗留下继续栽种，是较好的栽种方式。

准备花盆的用土以及翻松花坛的土壤等工作，并不是低龄孩子能独自顺利完成的，因此老师及家长最好协助他们。当然选择排水良好且肥沃的土壤是最理想的，而肥料最好选用加工好的干燥肥料。

◉ 播种的准备

先准备花盆、泥土、小石头、标签卡、铲子和喷壶。

利用小石头把花盆的底洞塞紧，然后在小石头上填充泥土。

◉ 种子的播种方法

用手指在泥土中挖洞，把种子放在洞里。

把食指的第一
小节伸入土中挖洞。

放入种子。

利用泥土
把小洞填满。

在标签卡上填写播
种的日期，然后浇足量
的水。

如果播种得太
深，种子不容易发
芽，而且容易腐烂。

如果播种得太
浅，泥土容易干燥，
也不容易发芽。

◉ 在花圃里播种

选择日照良好的地方播种。播种的深度
和盆栽的播种深度相同。

先除去小石块再把
泥土铲松，然后挖出小
空隙以便播种。

发芽的方式

● 长出子叶

播种后约一星期,种子便开始发芽并伸出泥土外面。不久,皱缩的子叶会慢慢伸展开来,颜色也慢慢变成深绿。

给家长的话

种子发芽时的变化极大,其中又以第一天和第二天的变化情形最显著,但孩子多半只注意到种子发芽了,对发芽的过程未必会特别留意。父母可以指导孩子利用手势做出发芽的情形,并提醒孩子仔细观察子叶的形状与颜色的变化。如此可以加深孩子对事物的印象,并引发他们对四周事物的关心,以便培养并养成观察的兴趣和习惯。

泥土中有一条长长的根

● 栽培的方法

泥土变干后每天充分地浇一次水。但在雨天或下雨过后不能马上浇水。

◉ 子叶的形状

　　子叶外表的色泽闪闪发亮。子叶的形状
有圆形也有尖形，但中央部分大都是凹陷的。

◉ 子叶中间的小芽

　　子叶的中间会长出小小的
芽来。小芽慢慢伸展后会长出
另一片新叶。

　　小芽是如何伸展开
来的呢？

慢慢伸展的小芽

牵牛花的生长过程

◉ 初叶的生长方式

当子叶间的小芽慢慢伸展时，初叶也扩展开来。

子叶是两张叶片一起长出，初叶却一叶叶地伸展出来。

给家长的话

五六月的气温和地温都不太高，牛花的生长比较迟缓。因此，有些园艺家便预先储水备用，等备用的水温度提后，再进行浇水。

在这一时期可以教孩子们认识子和初叶的不同。子叶是种子萌发时最初胚体生出的幼叶；初叶则是发芽后，植重新生出的新叶。初叶比子叶大，形状异，初叶的表面较为粗糙。除了观赏外，别忘了教孩子利用放大镜仔细观察或以手指轻触叶片来练习识别。

◉ 用木棒做支架

牵牛花的花茎会变成藤蔓并四处延伸。当藤蔓很细很软时，可以用木棒作为支架，让藤蔓缠绕在支架上。

如果没有支架，藤蔓会垂下来。

◎ 藤蔓和初叶的外形

　　新生的藤蔓和初叶的外表都长满了细毛。初叶的前端为尖形，叶片比子叶大。根部则在土壤中慢慢生长。

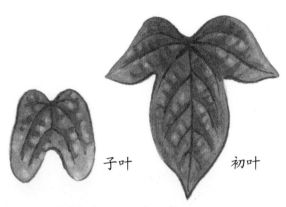

子叶　　　　初叶

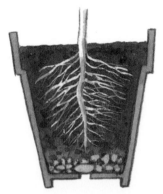

根部在盆中慢慢伸展

新生的藤蔓

◎ 初叶的繁殖方式

　　藤蔓攀在支架上慢慢地伸展，不论攀爬得多高，缠绕的方向都一样。藤蔓开始伸展时，初叶也开始繁殖。数一数初叶的片数并且记录下来。

6月20日
3片初叶

6月30日
4片初叶

7月10日
6片初叶

7月15日
8片初叶

花苞变成花朵

● 生长的花苞

藤蔓前端的叶柄附近会长出绿色的小块，这团小块就是花苞。花苞最初很小，然后会慢慢长大，并变成花朵。

给家长的话

牵牛花的花朵附着于叶柄。花苞生长一段时间后会慢慢变大，然后才较为醒目。家长可以引导孩子进行观察，让他们了解大的花朵是由小花苞经过长时间蜕变而成的。绿色的花苞最初仅能看见萼（è）片，花瓣在花苞中慢慢生长，初期的生长速度较慢，等到从萼片前端伸出时便迅速长大，到了开花的前一天傍晚，花瓣已伸展得极大。若要引起孩子的学习兴趣，可以和孩子一起猜测哪个花苞将于隔日开花，会开出什么颜色的花朵等。

🌱 进阶指南

新生的藤蔓

叶柄的尾端会长出新的藤蔓，牵牛花便利用这种方法慢慢伸展开来。而新的藤蔓又会陆续长出。

◉ 明天即将开放的花苞

　　花苞越开越大，当淡色的花瓣出现时，花苞便会渐渐开放成美丽的花朵。

　　猜猜看，明天即将开放的花苞是哪一个？

◉ 各种不同颜色的花苞

　　不同的牵牛花会长出各种不同颜色的花苞。

◉ 花儿开放了

　　清早起床一看，屋外的牵牛花全部开放了。当大家
还在睡梦中时，花儿们已经展开笑容迎接朝阳。

花儿的开放情形
　　清晨时，花儿已经开始慢慢地开放。

不同颜色的花朵

　　绽放在不同花株上的花朵。

◉利用落花玩游戏

　　把整个花朵剪下来，用两张白纸夹住花朵，并用瓶子在纸张上压滚，纸上会印出花朵的形状。

用手指揉搓花瓣并挤出花汁。把开放后的花朵聚集在一起，试着用花汁画画儿。

- - - 🌿 **动脑时间** -

和牵牛花相似的花朵

　　这些花朵的形状都是喇叭形，它们全部顺着藤蔓不停地伸展。

紫茉莉　　　　　　田旋花　　　　　　打碗花

给家长的话

牵牛花是颇具代表性的一日花，花瓣在一天中会自行凋谢，但花萼里的子房会留存下来，并成为下一代繁衍种子的场所。经过花苞、花朵、果实等阶段，花萼担任的角色颇为重要，可以保护花萼内部的重要部位。

当果实呈茶色时，种子也已成熟，并且变得又黑又硬，但绿色的内侧却依旧柔软。这个时期可以把果实切开来，仔细观察种子的排列方式以及子叶在种子内部的生长情形。

花朵开放后

● 凋谢的花朵

到了中午，牵牛花的花朵会慢慢凋谢。然后，花瓣也会枯萎，花柄的绿色部分便鼓起来。

早上 8 点钟的牵牛花

傍晚 5 点钟的牵牛花

🌿 进阶指南

各种果实和种子

仔细观察果实和种子的形状。

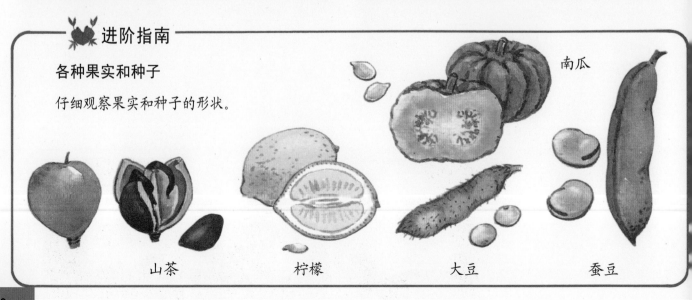

南瓜

山茶　　　柠檬　　　大豆　　　蚕豆

◉ 种子形成后

秋天来了，牵牛花的叶子颜色渐渐
鲜艳起来，藤蔓上也长满了果实。

开花以后，藤蔓下面的果实变成茶
色，并且慢慢变干。

藤蔓的上方还有绿色未成熟的果
实。

尚未长大的果实

未成熟的
果实

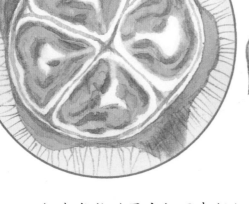

把未成熟的果实切开来仔细观察，
可以了解果实和种子的内部构造。

成熟的果实

裂开的果实

◉ 采集种子

把茶色的干燥果实聚集在一起，然后挑出果实
内部的种子。如果栽培得很好，一株牵牛花会结出
几十颗果实来，每颗果实中有三四粒种子。试试
看，把好的种子全部挑选出来。

1颗果实里通常有3粒或4粒种子，最多则有6粒种子。

好的种子　　　坏的种子

◉ 种子的收藏方法

依照花朵的颜色将种子分类，然后把分
类后的种子装入纸袋里。接着把花朵的颜色
或采摘的日期写在纸袋上，再把纸袋放进铁
罐中储存起来。

◉ 根的外形

采完种子之后，把根和泥土从花盆中移出，这时根已经布
满了整个花盆。等泥土干燥后，轻轻地敲一敲，泥土便会自动
地从根部脱落。

轻轻地敲一敲

整理 —— 牵牛花

■ 种子与播种

牵牛花的种子又黑又硬，把种子放在水中浸泡一天，然后播种，很快便会长出芽来。

播种的深度大概相当于食指手指第一节的长度。

■ 生长方式

种子发芽后，最先生长的是子叶。子叶有两片，颜色油光发亮，叶子的前端呈凹陷的形状。

茎部会变成藤蔓并且慢慢伸展，初叶开始一片接一片地长出，藤蔓则沿着支架往上盘旋。

■ 花苞和花朵

花苞从叶柄的末梢长出。刚长出的花苞为绿色，然后慢慢地长出带有颜色的花瓣，最后盛开出美丽的花朵。

■ 果实和种子

花朵凋谢后，花柄部分会鼓起并成为果实。果实成熟以后会成为茶色，果实里面有数粒种子。

3 向日葵

播种

◉ 观察种子

向日葵的种子比牵牛花的种子大，形状比较平坦，表面有条纹。

牵牛花的种子

向日葵的种子

选择发育良好的种子进行种植，才能开出大而美丽的花朵。

形状大而厚，重量较重

形状小而薄，重量较轻

好的种子

不好的种子

学习重点

❶ 向日葵的种子如何生长。

❷ 向日葵的花朵如何开花，种子如何形成。

❸ 在向阳和背阴位置的生长方式有什么不同。

◉ 播种的方法

播种的深度和牵牛花大致相同。向日葵生长得较高大，所以种子与种子之间要留出较大的间隔。

播种完后要记得每天浇水。

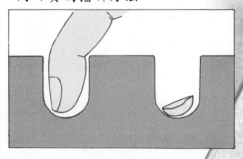

向日葵的播种方法

● 把其他花的种子也拿来种种看

凤仙花　　　　　　　紫茉莉　　　　　　　一串红

发芽的情形

◎观察发芽的情形

向日葵的种子会长出什么样的芽呢？
仔细观察看看，并和牵牛花的芽相互比较。

向日葵

芽从泥土里冒出来。

牵牛花

子叶开始伸展。

●其他种子的发芽情形

凤仙花

紫茉莉

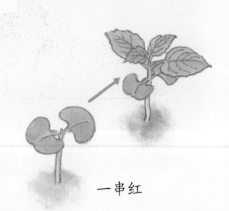

一串红

子叶比牵牛花的子叶细长。

长出细小的初叶。

初叶长大后，新的初叶又接着长出。

初叶开始伸展。

生长的情形

向日葵一天天地长大。量量看，叶片的长度和花茎的全长各是多长呢？

◉叶片的大小

花茎上方的叶片和下方的叶片大小不同。

7月初时的大小

最大的初叶
（6月15日长出）

（5月30日长出）

和手掌的大小差不多
（5月15日长出）

刚长出的初叶
（5月5日长出）

子叶
（4月30日长出）

凤仙花　　　向日葵

◉花茎的高度

花茎如何生长呢？用丝带量出花茎的高度，然后把丝带贴起来。

如果比原来预测的高度还高，可以再加贴纸张。

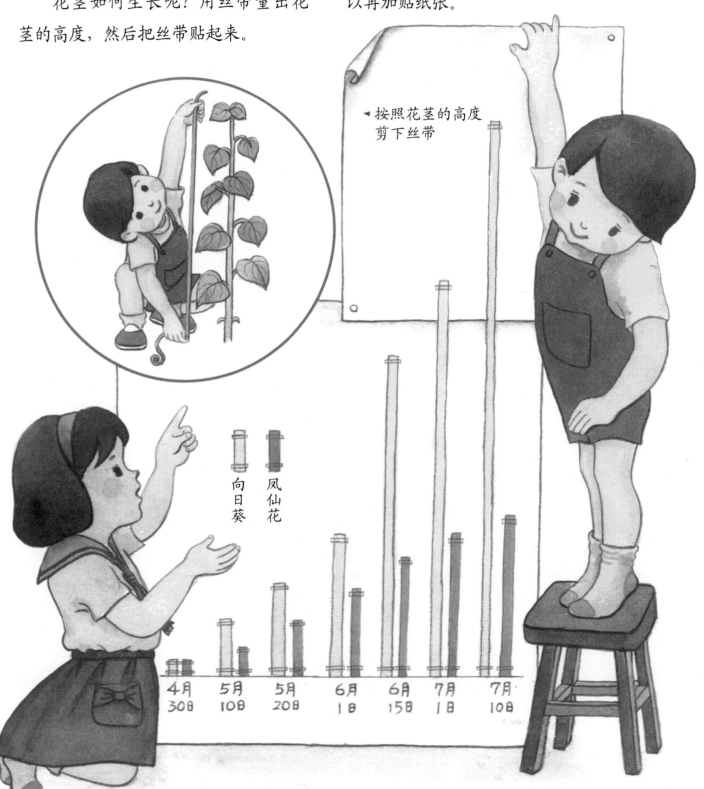

◄ 按照花茎的高度剪下丝带

向日葵　凤仙花

| 4月
30日 | 5月
10日 | 5月
20日 | 6月
1日 | 6月
15日 | 7月
1日 | 7月
10日 |

向阳和背阴的生长方式

◉ 不同的生长方式

　　种在向阳处和背阴处的向日葵，叶片的大小、数量、茎的粗细、节与节的间隔长度等都不相同，但是花茎的高度大致相同。

叶片较大

节和节的
间隔较短

茎较粗

向阳的凤仙花长得很
结实。

如果种在向日葵的花荫下，
凤仙花会长得比较瘦弱。

叶片较小

节和节的
间隔较长

茎较细

花苞和花朵的外形

◉ **花苞的位置** 花苞长在茎的顶端。

| 6月15日长出小叶片 | 7月1日长出刺状的小块 | 7月10日长出花苞的形状 |

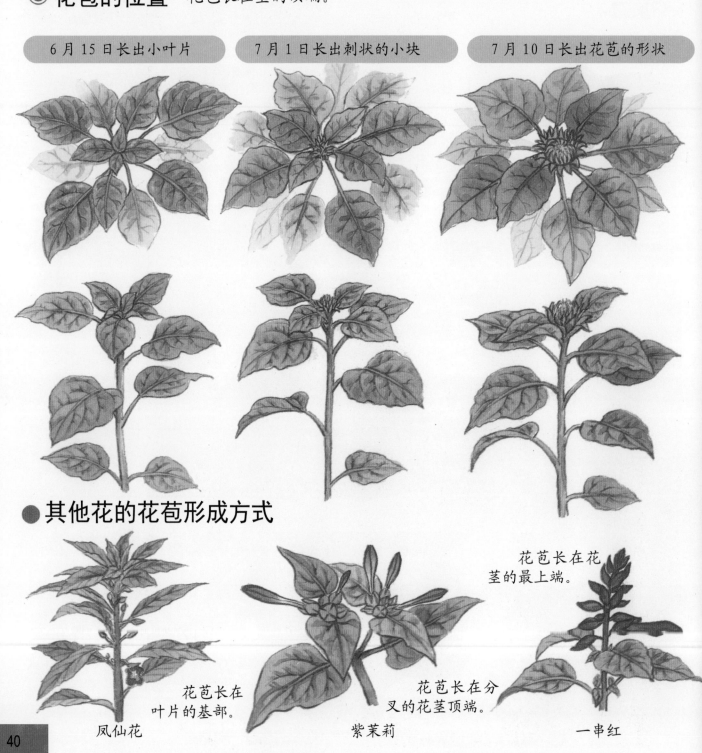

● **其他花的花苞形成方式**

花苞长在叶片的基部。

凤仙花

花苞长在分叉的花茎顶端。

紫茉莉

花苞长在花茎的最上端。

一串红

◉ 开花的方式

朝上生长。

花瓣慢慢展开。

朝侧面绽放。

花茎迅速长高。
每一朵向日葵的外侧花瓣都是黄色。
花朵慢慢开放时，花心的颜色会产生变化。

渐渐弯曲。

◉ 向阳的花朵和背阴的花朵

向阳的花朵

向阳的花朵形状较大，花瓣较多。花开之后会引来蜜蜂或其他昆虫。

背阴的花朵

背阴的花朵形状较小、花瓣较少。花形或开花的情形和向阳的花朵相似。

● 其他花朵的开花情形

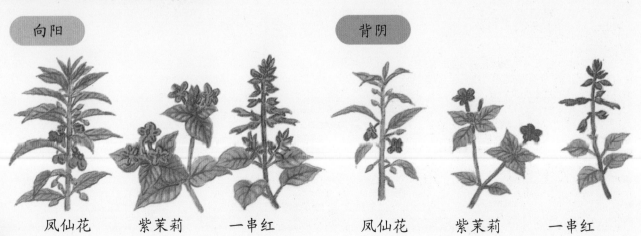

向阳

背阴

凤仙花　紫茉莉　一串红　　凤仙花　紫茉莉　一串红

◉花朵的构造

内侧无舌状花之花瓣，但有许多小型块状物，种子在这里形成。

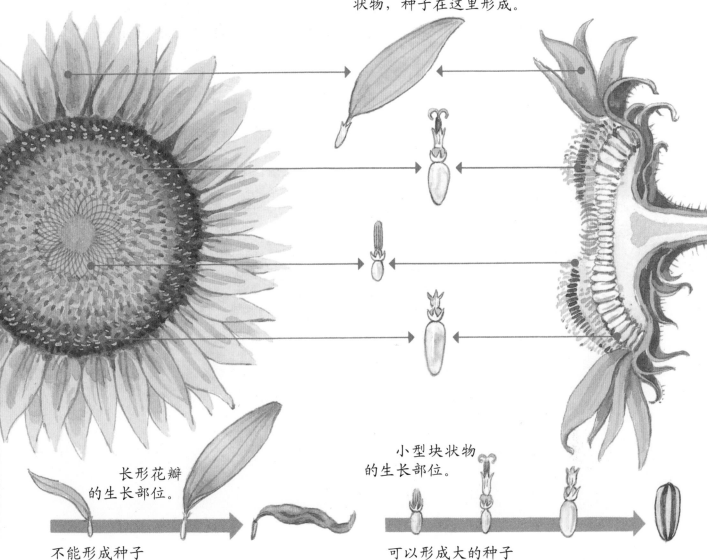

长形花瓣的生长部位。

不能形成种子

小型块状物的生长部位。

可以形成大的种子

🐝 进阶指南

开花的情形

内侧的块状物，就是一朵管状花。花朵开放时，内侧的颜色会随之改变。

长形花瓣开始展开。

中心的小花依旧只是绿色的花苞。

外侧和中心的花全部绽放，颜色也随之改变。

种子

◉ 种子的形成方式

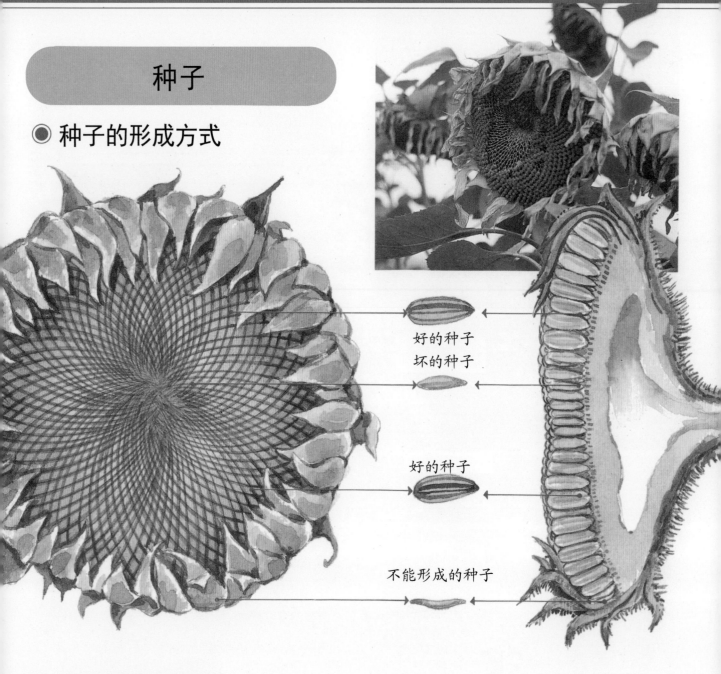

好的种子
坏的种子

好的种子

不能形成的种子

● 其他花朵的情形

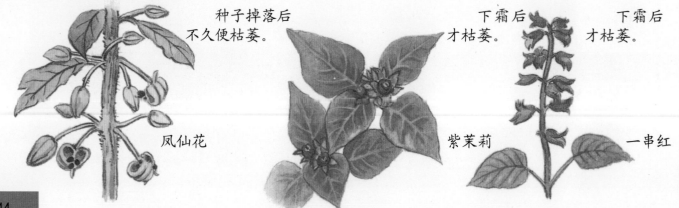

种子掉落后
不久便枯萎。

下霜后
才枯萎。

下霜后
才枯萎。

凤仙花

紫茉莉

一串红

◉ 向阳的种子和背阴的种子

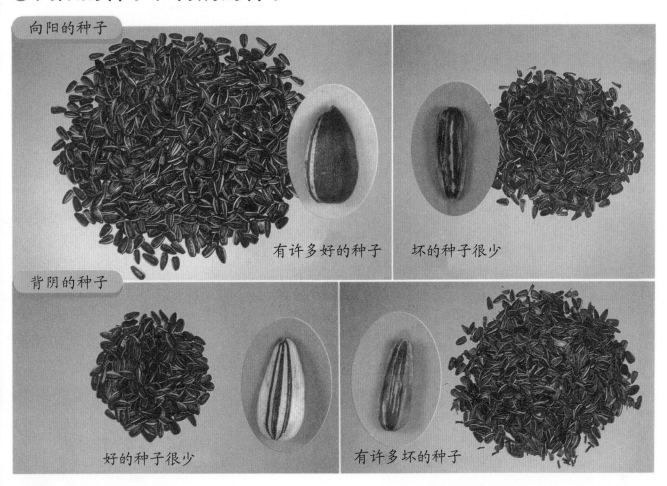

向阳的种子

有许多好的种子　　坏的种子很少

背阴的种子

好的种子很少　　有许多坏的种子

● 其他花的种子

凤仙花

紫茉莉

一串红

🌿 进阶指南

葵花子的花纹

　　一颗果实中有着各式各样不同花纹的种子。

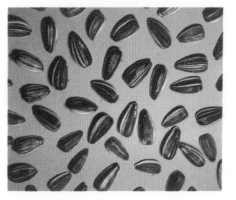

检查种子

◉ 种子的繁殖情形

小明和哥哥姐姐从向阳的一朵花中取得了好多种子，仔细数后发现共有1534粒种子。

由一朵花中取得的种子。
打开来看可以发现许多种子。

◉ 发芽的种子和不发芽的种子

在向阳处生长的种子

发芽的种子 1050

1534

184

不发芽的种子

在背阴处生长的种子

发芽的种子 210

844

631

不发芽的种子

◉种子的内部物质

发芽的种子内部物质很饱满，有些动物喜欢吃这些物质。

不发芽的种子内部物质很少，有些甚至没有内部物质。

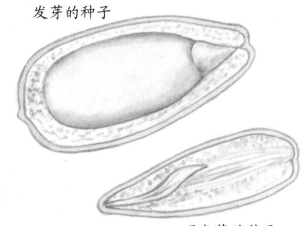

发芽的种子

不发芽的种子

吃葵花子的猴子

猴子用双手拿着种子并用牙齿咬开，但只吃内部物质。

吃葵花子的鹦哥

鹦鹉用嘴巴熟练地咬开种子，只吃内部物质。

🦀进阶指南

向日葵的园地

葵花子里含有许多油脂。有些地方在园地里种植许多向日葵，然后收集种子，再榨取其中的油。

宽阔的向日葵园地

● 自生自灭的种子

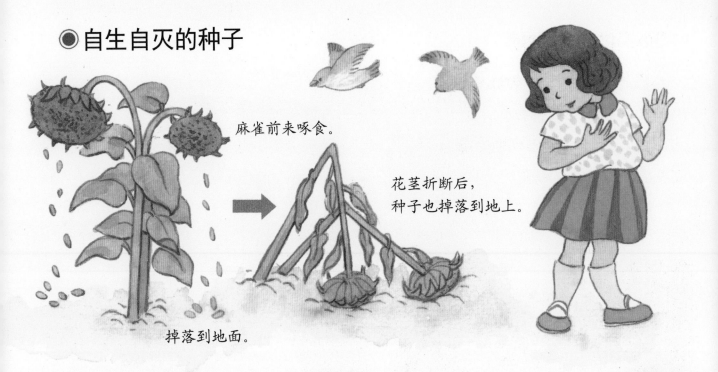

麻雀前来啄食。

花茎折断后，
种子也掉落到地上。

掉落到地面。

● 种子的收藏方法

把种子晒干后装入纸袋里。在纸袋
上填写上日期。不要摆在温暖的室内，
最好放在干冷的地方。

试着挑出好的种
子，然后把它们收藏起
来。

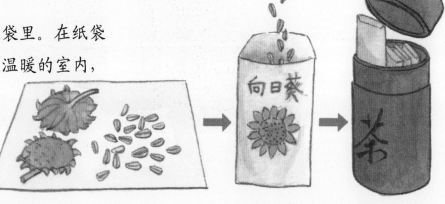

● 试着播种油菜的种子

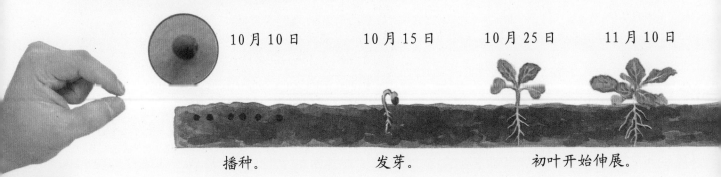

10月10日	10月15日	10月25日	11月10日
播种。	发芽。	初叶开始伸展。	

●散落的种子

哇！
好冷。

种子发芽后如果天气变冷而且下霜，幼苗便会枯萎。把幼苗和泥土一起移到花盆中，然后放在温暖的室内加以栽培，不久便会长出花朵。

天气暖和后便长出芽来。 　　慢慢地生长。 　　天气太冷便枯萎。

把幼苗挖出并种在花盆里。

移到温暖明亮的室内。

夏季不会长大，但会开花。

12 月 10 日 　　　　1 月 10 日 　　　　2 月 10 日 　　　　3 月 10 日

虽然寒冷，但不会凋谢，且继续生长。 　　　　快速地长高。

向日葵的一生

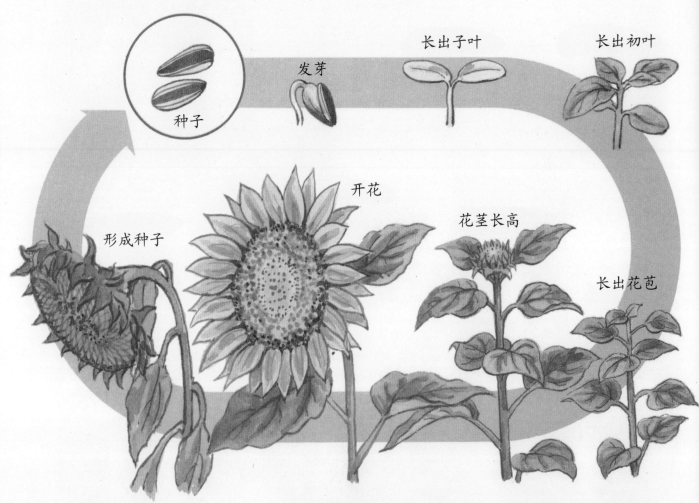

种子

发芽

长出子叶

长出初叶

开花

形成种子

花茎长高

长出花苞

进阶指南

向日葵的种类

向日葵的种类很多,除了平日常见的普通品种外,还有花茎较短、花朵较小的矮小型向日葵,也有内外侧都是长形花瓣的复瓣向日葵。

矮小型向日葵

复瓣向日葵

整理——向日葵

■ 生长方式

　　由种子发芽然后开始生长，花茎会慢慢变粗并且越长越高。花茎的前端会开出黄色的大型花朵。

■ 种子的形成方式

　　由一朵花可以收集许多粒种子。

■ 向阳与背阴的生长情形不同

　　向阳的向日葵叶片和花茎比背阴的向日葵结实。向阳的向日葵会开出大型的花朵，并且会结出许多种子。

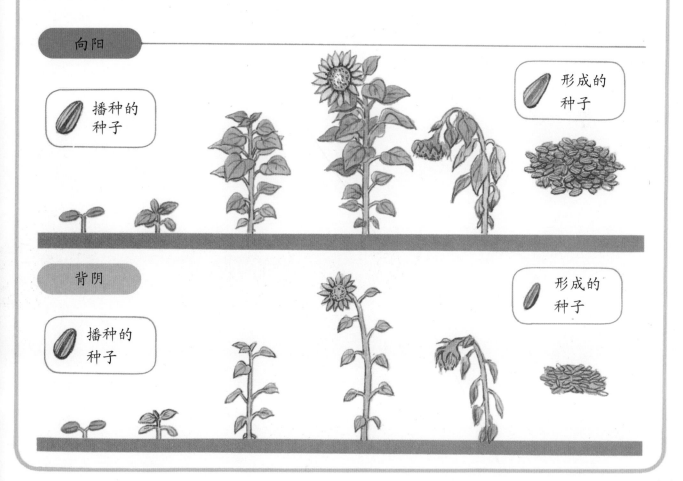

向阳

播种的种子　　　　　　　　　　形成的种子

背阴

播种的种子　　　　　　　　　　形成的种子

4 花朵的游戏

春天的花朵

春天的山野中开满了各式各样的花朵。

利用花朵、叶片或茎可以玩各种不同的游戏。

● 花束

找找看，原野上开了些什么颜色的花朵？把花朵收集起来，可以做成美丽的花束。

给家长的话

春天来临时，原野上各类植物的花朵相继绽放，花茎也纷纷伸展开来。收集不同的花朵可以做成花束或花环，利用嫩茎还可以玩各种游戏。通过这种种的游戏或制作，孩子可从中学习并观察花、叶、茎的大小、色泽、形状及硬度等。仅是观赏或走马观花，无法获得真切的认识，透过手的碰触及仔细的观察与体验，方能真切了解花朵的形状和姿态。所以，上述游戏的目的并不在于游戏本身，而是希望经由游戏，让小朋友们进一步了解周围的大自然。

黄色的花

蒲公英

兔儿菜

红色的花

白色的花

白车轴草

红车轴草

紫云英

春飞蓬

紫色的花

董菜

紫花地丁

蓝色的花

阿拉伯婆婆纳

附地菜

◉ 花环

小朋友，你可以收集一些白车轴草或紫云英的花朵，
试着做成漂亮的花环。

将其他颜色的鲜艳的花做成花环和
项链也很漂亮。

白车轴草（花茎容易弯曲）的花环

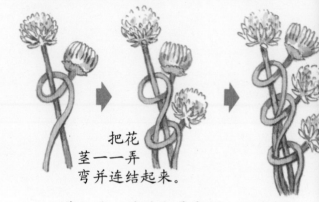

把花
茎一一弄
弯并连结起来。

紫云英（花茎容易穿折）的花环

在花茎上切　　把另外的花茎穿过缝隙。
出小小的缝隙。

◉ 水车

请你试试看，利用蒲公英或虎杖的茎
来制作水车吧！

用蒲公英的茎制作水车　　　　　　　撕裂的地
方会弯曲。
把茎撕开。　　　浸入水中。

◉ 办家家酒

利用竹子或虎杖等的嫩茎可以制作各种各样的东西。

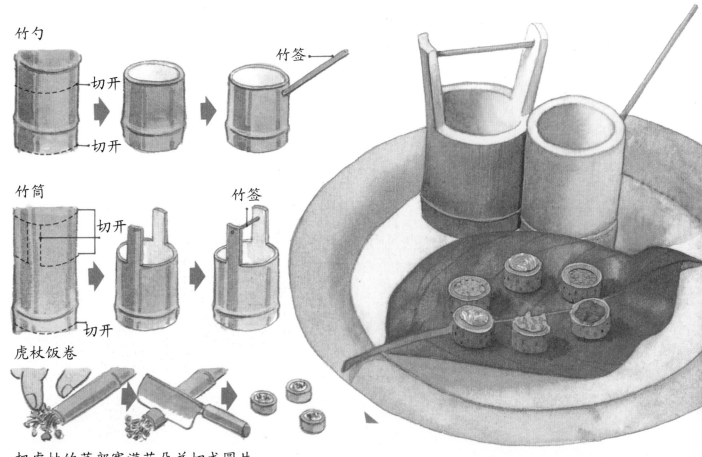

竹勺
切开
切开
竹签

竹筒
切开
切开
竹签

虎杖饭卷

把虎杖的茎部塞满花朵并切成圆片。

◉ 草笛

拔除看麦娘或麦子上的穗，便可做成草笛。

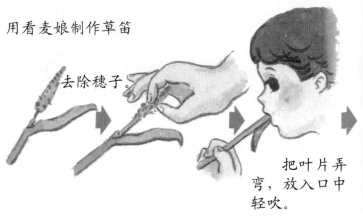

用看麦娘制作草笛

去除穗子。

把叶片弄弯，放入口中轻吹。

夏天的花朵

夏天的山野中开满了各式各样的花朵。利用这些花朵可以玩各种不同的游戏。

给家长的话

入夏后，繁花争艳，绿叶茂密，这时可以收集一些花朵或叶片制作玩具。在游玩的同时，别忘了指导孩子观察叶片的大小、形状、硬度及分裂的情形，并注意叶、茎上的刺或花的形状等。通过游戏，孩子将懂得分辨脆叶、硬叶以及嫩叶的质地。

如此一来，孩子便可经由游戏并通过体验来了解春季和夏季植物的异同，这也是寓教于乐的最终目的。

● 虫笼和草鞋

用山茶等植物的硬叶试着制作昆虫的笼子或草鞋。

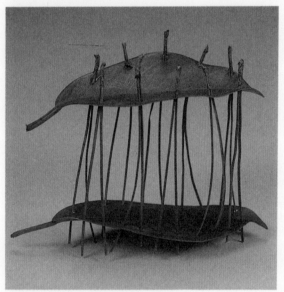

用山茶和松针做成虫笼。

用柿子或山茶的叶片做成草鞋。

● 草船

试着用芦苇或竹叶制作草船。

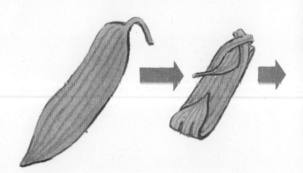

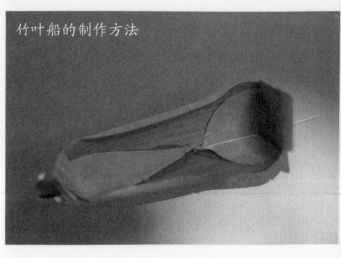

竹叶船的制作方法

◉面具

利用芋头或蜂斗菜的大叶子可以制作面具。

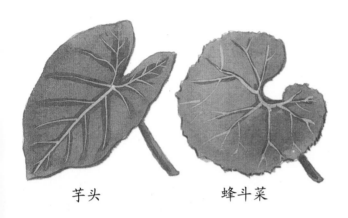

芋头　　　　　蜂斗菜

◉勋章

猪殃殃或茜草的叶片上长着细小的刺，把这些叶片贴在衣服上便可成为美丽的勋章。

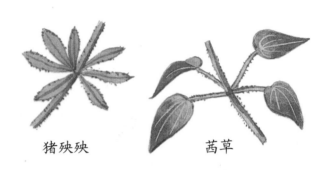

猪殃殃　　　　茜草

🌿 **动脑时间**

有刺的叶片

小蓟或芒草的叶片边缘长满了细小的刺，如果不小心触碰到这些刺，可能会感觉疼痛。所以，在制作玩具时，你应该注意，别被小刺扎伤了手指。

◉比比看，哪一条更坚固？

用大车前草的叶片、花茎或紫花酢（cù）浆草的叶茎等可以进行拉力比赛。试一试，哪一边比较容易断？

大车前草的花茎或叶片

大车前草

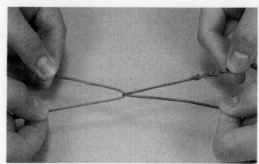

花茎先断的是输家。

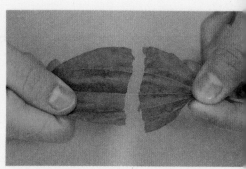

叶片剩余的叶脉较长的是赢家。

紫花酢浆草的叶茎

紫花酢浆草

撕开茎部，但需留下一点儿叶筋。

进行拉力比赛，先断的就是输家。

◉ 活动的果实

试试看，把狗尾草的穗子轻轻握在手里，然后再轻轻松开，狗尾草会不会移动？

把狗尾草放在桌上，用手指轻压，看看会有什么情形发生？

向上移动

向下移动

容易移动

不容易移动

狗尾草

◉ 紫茉莉做成的降落伞

用紫茉莉的花朵制作降落伞，让降落伞在风中飞舞。

把花的尾端折断后再用力拉，便可做成降落伞。

草木上的果实

秋天来了，草木上结满了果实或种子。收集这些果实或种子，可以玩各种各样的游戏。

● 轻巧的果实或种子

山莴苣或芒草的果实上长满了细小的刺，用嘴巴轻吹这些果实，好让它们四处纷飞。

● 种子做成的图样

把野苋（xiàn）菜或野生刺苋的小型种子聚在一起并做出图样来。

给家长的话

入秋后，山野中的草木果实累累，种子也随处可见。果实有大小之分，形状更是琳琅满目。利用各种草木的果实或种子玩游戏的同时，别忘了提醒孩子注意果实或种子的大小及形状，这才是游戏和学习的真正目的。

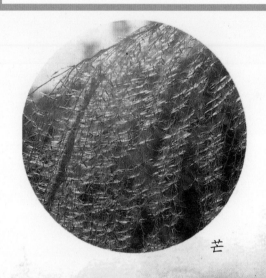

芒

在图画纸上画出草图，并在预备粘种子的部位涂上糨糊。

在图画纸上撒放种子，让种子粘在糨糊上面。

把图画纸上多余的种子吹掉，便可以做出图样来。

衣服上黏附了棘藜（lí）草的果实

◉黏附在衣服上的果实

鬼针草或淡竹叶的果实上长着许多小刺，所以很容易黏附在衣服上面。找找看，衣服上黏附了多少果实？

苍耳　　　　稀莶（xī xiān）　　　　鬼针

牛膝　　　　小山蚂蝗　　　　日本求米草

◉树木的果实

收集橡树或枫树等树木的果实，然后扔掷或滚动果实，看看果实移动或跳动的情形。

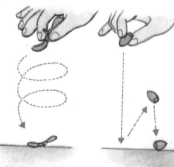

枫树的果实会一面旋转一面掉落下来。

橡树的果实会垂直掉落下来，然后又弹起。如果形状不同，滚动的方式也不一样。

无患子的果实

棱果榕的果实

落叶

有些树木的叶子一到秋天便开始掉落。收集各式各样的落叶也可以玩游戏。

◉ 落叶的颜色和形状

试试看，把落叶收集在一起并按照颜色分类。

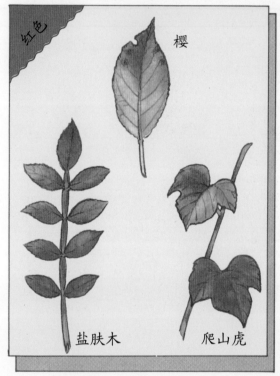

红色

樱

盐肤木　爬山虎

黄色

白杨

银杏

地锦槭(qì)树　薯蓣(yù)

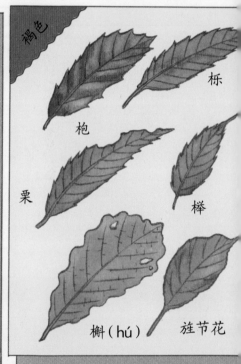

褐色

栎

枹

栗

榉

槲(hú)　旌节花

试试看，按照形状将落叶分类。

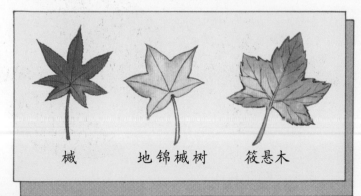

槭　地锦槭树　筱悬木

樱　柿　榉　卫矛

◉ 透过纸张描画叶片

把纸摆在各种不同的落叶上，然后用彩笔或蜡笔描出落叶的形状。

注意，要把叶子的形状和叶脉清楚地描在纸上。

◉ 用落叶排成图案

把各种形状或各种颜色的落叶贴在图画纸上，并排成不同的有趣图案。你也可以征得爸妈的同意，把落叶贴在窗户或墙上试试看。

用落叶做成的动物

蜻蜓

猫头鹰

猫

水鸟

鱼

鱼

给家长的话

把花朵或果实压榨之后可以取得有色的汁液，这种汁液是花朵或果实中的物质。根据花朵或果实的不同，榨出的汁液香味、颜色甚至触感都不一样。汁液原本来自食物根部所吸收的水分，但由花朵或果实取得的汁液却不仅是水分而已。因此，利用这些具备色、香的花汁或果汁，可以进行纸张的渲染工作，而孩子们也可从这些游戏或劳作中，得知植物体中含有水分，而水分中又含有许多物质。

花朵和果实的汁液

把各种花朵或果实的汁液挤出来，然后进行下面的各种游戏。

◉ 牵牛花的汁液

把牵牛花的花朵或叶片的汁液挤出来。

用手指搓揉

颜色沾在指尖上

蓝花　　红花　　叶片

在花朵的汁液中加入醋或石灰水，汁液的颜色会有什么变化？

加入醋　　颜色改变

加入石灰水　　颜色改变

◉各种花朵和果实的汁液

把各种花朵和果实的汁液染在纸上，做成不同颜色的彩纸。

试试看，可以染出什么颜色的彩纸呢？

压碎果实，用碎果实涂擦纸张。或者挤出果实的汁液，用毛笔蘸汁液，然后在纸上画画。

橘子的果实

草莓的果实

枸杞的果实

菊花

黄栀（zhī）的果实

茶梅的花

菊花的叶子

◉ 水果的汁液

用果汁在纸上写字或画画，然后把纸张放在火上烘烤，看看纸上会出现什么。

橘子汁

苹果汁

葡萄汁

比比看，水果的汁液和清水有什么不同？

用鼻子闻闻看

用舌头尝尝看

用手摸摸看

水果中含有什么样的汁液呢？把水果的汁液挤出来，并观察汁液的颜色。

用毛笔蘸果汁画画

放在电炉上烘烤

经过烘烤后

整理——花朵的游戏

■ 山野的花朵

山野中有黄、白、红、紫、蓝等各种颜色的花朵。

不同花朵的形状和颜色都各不相同。

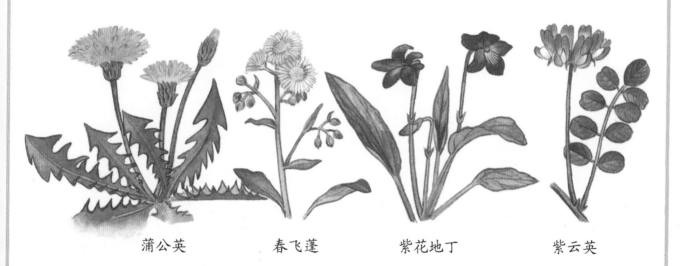

蒲公英　　　　春飞蓬　　　　紫花地丁　　　　紫云英

不同花的花茎、叶片以及果实的形状也不一样。

■ 草木上的果实

一到秋天，草木上结满了果实和种子，各种草木的果实形状和大小都不相同。

青刚栎　小山蚂蝗

枹树　枫树

■ 落叶

各种树木的叶片各有不同的形状。一到秋天，有些树木的叶片便开始掉落。落叶的形状和未掉落之前的形状相同，但颜色却已改变。

■ 花朵和果实的汁液

花朵和果实中含有汁液，汁液的颜色有许多种。不同种类的草木，其汁液的颜色也不尽相同。

5 挑战测试题

（1）种子与果实

1 看看以下 5 种植物的果实和种子，把右边说明正确的号码填入（　　）中。

每题 10 分【30】

(1) 苍耳子　　（　　）

(2) 凤仙花　　（　　）

(3) 蒲公英　　（　　）

(4) 枪　　　　（　　）

(5) 枫　　　　（　　）

> 甲 很容易滚动。
>
> 乙 一碰就很容易碎裂。
>
> 丙 借助风力飘动。
>
> 丁 容易附着在衣服上。

2 从下文的 {　} 中，把正确的答案选出，在（　　）中打 ✓。

每题 10 分【50】

(1) 向日葵的种子成熟 {① （　　）变重　② （　　）变轻} 之后，

果实就会从 {① （　　）上面　② （　　）下面} 长出来。

(2) 在阳光下生长与阴暗中生长的向日葵子比较，

在阳光下生长的葵花子 {① （　　）比较大　② （　　）比较小 }。

3 从下图的果实中，可以取出什么形状的种子呢？从方框中选出正确的答案，

填在（　　）中。

每题 10 分【20】

(1) （　　　）　　　　(2) （　　　）

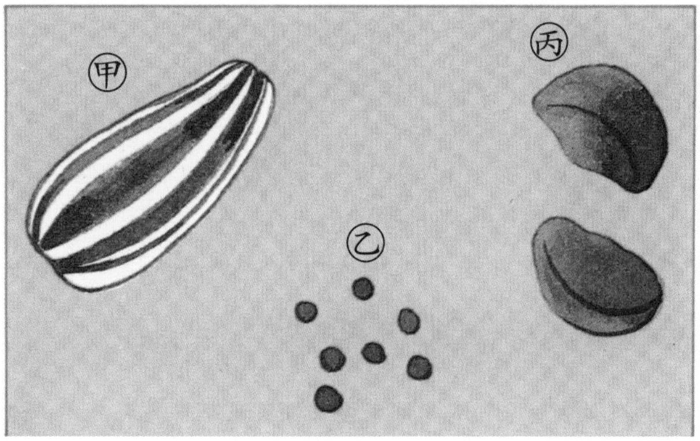

甲

丙

乙

答案　**1** (1) 丁　(2) 乙　(3) 丙　(4) 甲　(5) 丙

　　　2 (1) ①为 ✓　②为 ✓　(2) ①为 ✓　**3** (1) 甲　(2) 乙

（2）草本花卉

1 回想栽种在花盆和生长在原野里的花的形状和颜色，然后回答下面的问题。

每题10分【30】

(1) 郁金香是什么形状的呢？看看右边的图，然后在正确答案的括号中画"○"。

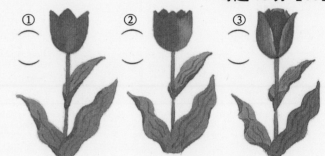

① （　）　② （　）　③ （　）

(2) 现在摘下蒲公英、紫云英和三叶草做成花束，依照次序，颜色应该如何排列？请在最适当的答案后画"○"。

①红、白、蓝 　（　）　　②黄、绿、白 　（　）

③黄、红、白 　（　）　　④白、红、紫 　（　）

(3) 把花的枝梗摘下，撕裂以后会变成右图形状的是哪一种花？在最适当的答案后画"○"。

①香堇 　（　）　　②紫云英 　（　）

③三叶草 　（　）　　④蒲公英 　（　）

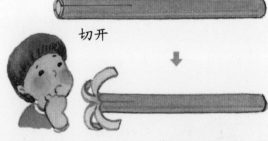

切开

2 把牵牛花的种子播种到土里，然后回答下列问题。 每题10分【20】

(1) 依照牵牛花发芽的过程，在右图括号中写下生长的次序。

(2) 右图中①所表示的是什么？在最适当的答案上画"○"。

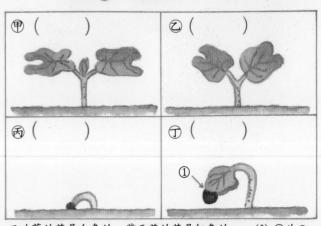

甲（　）　乙（　）　丙（　）　丁（　）　①

答案 **1** (1) ③为○　(2) ③为○　蒲公英的花是黄色的，三叶草的花是白色的，紫云英的花是红色的。　(3) ④为○
2 (1) 甲4　乙3　丙1　丁2　(2) 乙为○

甲（　）种子　乙（　）种皮　丙（　）根　丁（　）叶

3 想想看牵牛花生长的情形，然后回答问题。　　　　　　每题 10 分【20 分】

(1) 如果在牵牛花的藤蔓旁边插一根木棒，那么藤蔓会怎样长呢？选出最适当的答案。

(2) 牵牛花的花苞是从哪里长出来的？从右图①、②、③之中选出最适当的部位，并画上"○"。

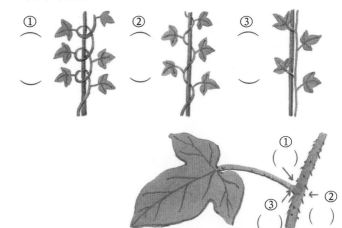

4 牵牛花的开花过程如何？从下列①到⑤之中选出两个正确的答案，并在答案上画"○"。　　　　　　每题 4 分【20】

①前一天的黄昏里，我们没有办法知道哪一朵花开过了。　　（　）

②在早上开花。　　（　）

③花瓣是分离的，但开花的时候就会合起来。　　（　）

④开过一次隔天就不会再开。　　（　）

⑤在同一根藤蔓上会开出红色和蓝色的花。　　（　）

5 下图甲是牵牛花的果实。而右图则是果实生长的顺序，请问甲应该在①、②、③中的哪个位置？在（　）中写上对的号码。

【10】

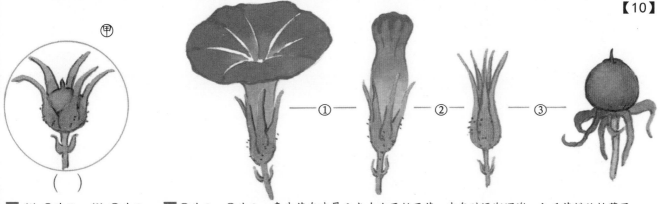

甲

（　）

3 (1) ②为○　(2) ①为○　　4 ②为○、④为○　牵牛花在凌晨 3 点左右开始开花，中午时逐渐凋谢，之后花瓣就枯萎了。
5 ③

71

（3）花与果实的汁液

1 **请回答下列有关花与果实汁液的问题。**

(1) 如果像右图一样敲打并且挤压，会有怎样的结果？选出一个正确的答案，

在（ ）中画✓。 【10】

①从花里不会挤出有颜色的汁液。（ ）

②从花里可以挤出绿色的汁液。（ ）

③从花里可以挤出和花同样颜色的汁液。

（ ）

④不管是什么颜色的花都可以挤出红色

汁液。 （ ）

花

(2) 下列有 3 个东西可以挤出有颜色的汁液，请选出并在（ ）中画✓。

每题 5 分【15】

①（ ） ②（ ） ③（ ） ④（ ） ⑤（ ）

橡树子 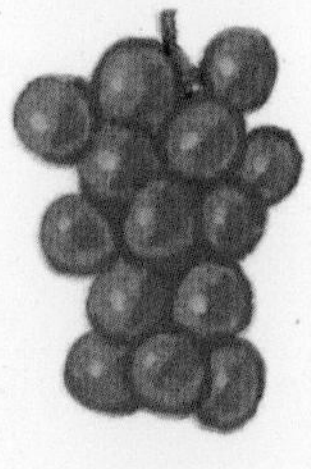 葡萄  紫苏的叶子  牵牛花的果实 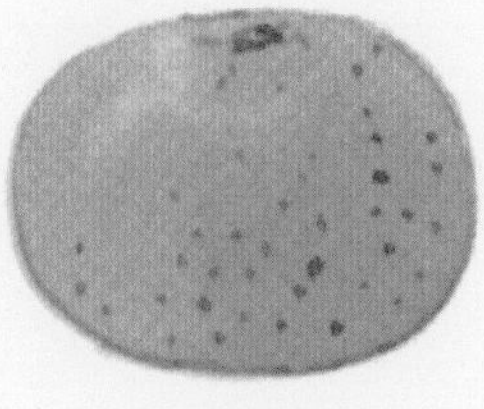 橘子

(3) 把下列的东西挤出汁液来，再用汁液画图，如果画出来的图大家可以看清楚的

就画✓，看不清楚的就画✗。 每题 5 分【20】

①牵牛花的花 （ ） ②柠檬 （ ）

③西瓜 （ ） ④紫茉莉的花 （ ）

答案 **1** (1) ③为✓ (2) ②、③、⑤为✓ (3) ①✓ ②✗ ③✓ ④✓

2 请回答下列有关牵牛花花朵及叶子的问题。

每题 10 分【40】

(1) 现在我们要在牵牛花上配色，看看右图
甲、乙的部分应该涂上什么颜色，请把
答案填在（　）中。
①红　②黄　③黑　④绿

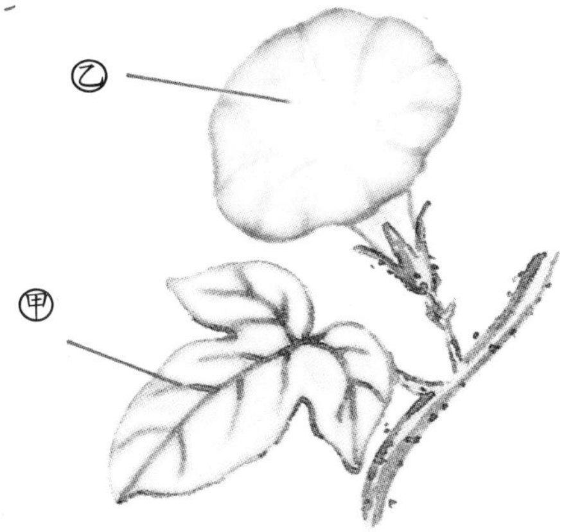

　　　　　　甲（　　）　　乙（　　）

(2) 把牵牛花的叶子和花剪下来放在纸上，再从下面①到④之中选出 2 个正确的
句子，在（　）中画 ✔。

①放着不管，颜色还是会染在纸上。　　（　　）

②用力按的话，只有花的颜色会染在纸上。　　（　　）

③只要用力按，花和叶子的颜色都会染在纸上。　　（　　）

④用瓶子等东西用力搓，叶子的颜色也不会染在纸上。　　（　　）

3 把花或果实挤出有颜色的汁液，然后回答下面的问题。

(1) 如果用这种有颜色的汁液来着色的话，大家都可以看得很清楚。为什么呢？选出
一个正确的答案，在上面画 ✔。
【5】

①因为这个有颜色的汁液是水。　　（　　）

②在这种汁液里还溶解有其他的东西。　　（　　）

③这种汁液含有颜色。　　（　　）

④因为这种汁液有味道。　　（　　）

(2) 在这种有颜色的汁里加上一点柠檬汁的话，会变成什么样子呢？
选出一个正确的答案，在上面画 ✔。
【10】

①不会有任何变化。　　（　　）

②会产生变化。　　（　　）

③两种东西都会产生变化。　　（　　）

2 (1) 甲－④　乙－①　(2) ②、④为 ✔　　**3** (1) ②为 ✔　(2) ②为 ✔

（4）发芽

1 请回答下列有关种植向日葵的问题。　　　　　　　　　　　　　　　　每题 10 分【50】

(1) 下列①到③之中，哪个是向日葵的种子呢？	(2) 下列①到③之中，哪个是播种时最合适的深度呢？	(3) 向日葵的种子发芽后，是①到③之中的哪一种情况呢？

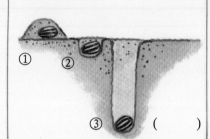

(　　)　　　　　(　　)　　　　　(　　)

(4) 一个洞中应该栽种几颗种子呢？　　　　　　　　　　　　　　　　(　　)

(5) 一颗种子会长出几株芽呢？　　　　　　　　　　　　　　　　　　(　　)

2 现在把向日葵的种子播到土中，在种子发芽以前，有哪些事项是应该注意的呢？

【20】　(　　)

3 撒下一把向日葵的种子，然后芽就会按照下面表格中的进度生长，
请回答下列的问题。　　　　　　　　　　　　　　　　　　　　　　　　【30】

(1) 最多株的芽发出来是哪一天？　　　　　　　　　　　　　(　　)

(2) 4 月 27 日发出的芽比 26 日发出来的多还是少？

(　　)

(3) 一般情况，在温和的天气里，芽生长的速度会比
较快还是比较慢？

(　　)

芽长出的日期和数量（○表示芽的数量）	
4 月 16 日	播下种子
4 月 24 日	○○○○○
4 月 25 日	○○○○○○○○○
4 月 26 日	○○○○○○
4 月 27 日	

答案　**1** (1) ①　②是牵牛花的种子，③是凤仙花的种子。　(2) ②　(3) ②　(4) 1 个　(5) 1 株
2 要浇水　**3** (1) 4 月 25 日　(2) 少　(3) 快

（5）照顾花草

1 先比较向日葵在向阳处和背阴处生长的情形，然后读 { } 中的叙述，把你认为是向日葵在背阴处生长的情形选出来，在（ ）中打 ✓。

每题 10 分【40】

(1) 叶子是 {① （ ） 大的 ② （ ） 小的}。

(2) 花的大小为 {① （ ） 大的 ② （ ） 小的}。

(3) 向日葵叶子上的绿色是 {① （ ） 淡的 ② （ ） 浓的}。

(4) 向日葵的茎 {① （ ） 细小 ② （ ） 肥大}。

2 请回答下列有关向日葵和凤仙花的问题。

每题 10 分【40】

(1) 哪一种植物只开黄色的花呢？ （ ）

(2) 哪一株植物长得比较矮呢？ （ ）

(3) 哪一株植物的花都是由许多小花集合而成的？ （ ）

(4) 哪种花是开在茎的顶端？ （ ）

3 看看右图的向日葵，再回答下列问题。

每题 10 分【20】

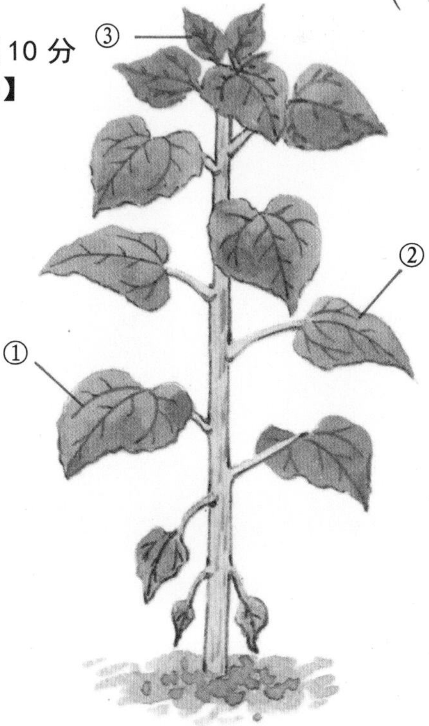

(1) 看看①和②，比比看是哪个叶子先长出来的？

（ ）

(2) ③的叶子以后会长成什么样子呢？从下面①到③之中选出正确答案。

①会变大。 （ ）

②会变小。

③大小不变。

答案 **1**(1) ②为 ✓ (2) ②为 ✓ (3) ①为 ✓ (4) ①为 ✓
2(1) 向日葵 (2) 凤仙花 (3) 向日葵 (4) 向日葵 **3**(1) ① (2) ①